DEUTSCHE AKADEMIE DER WISSENSCHAFTEN ZU BERLIN
VORTRÄGE UND SCHRIFTEN
HEFT 106

HANS STUBBE · CHRISTIAN O. LEHMANN

DAS INTERNATIONALE BIOLOGISCHE PROGRAMM

AKADEMIE-VERLAG · BERLIN
1969

Vortrag gehalten am 10. Dezember 1968 im Vortragszentrum der Urania Berlin

Erschienen im Akademie-Verlag GmbH, 108 Berlin, Leipziger Straße 3–4

Lizenznummer: 202 · 100/586/69
Herstellung: IV/2/14 VEB Werkdruck, 445 Gräfenhainichen · 3187
Bestellnummer: 2003/106 · ES 18 G 1
3,–

Es ist eine heute allgemein bekannte Tatsache, daß die unermeßliche Zunahme wissenschaftlicher Erkenntnisse auf der Welt ganz neue Formen der wissenschaftlichen Arbeit und der Wissenschaftsorganisation erfordert. Das gilt besonders für viele Zweige der Naturwissenschaften. Der wissenschaftlichen Beobachtung und Beschreibung von Erscheinungen ist die Suche nach den Ursachen der Naturvorgänge gefolgt. Der Weg zur Erkenntnis neuer Gesetzmäßigkeiten erfordert eine stete Verfeinerung der Methoden. Einfache Beobachtungsgeräte werden durch komplizierte Apparaturen ersetzt, die eine wesentliche Beschleunigung und eine immer größere Sicherheit in der Beantwortung der von dem Experimentator gestellten Fragen bewirken. Nach jedem Teilergebnis wissenschaftlicher Forschung drängen neue Probleme zu einer Lösung, und niemand ist mehr in der Lage, sie allein in voller Tiefe auszuschöpfen. Die – oft weltabgewandte – Arbeit des Forschers vergangener Zeiten, der sein Fachgebiet noch im ganzen Umfang übersehen konnte, ist zur wohlabgestimmten Arbeit von Forscherkollektiven geworden, deren jedes Mitglied als Spezialist eines Teilgebietes zur Lösung des Gesamtproblems beiträgt. Wissenschaftliche Forschung als Selbstzweck wird abgelöst durch die unermüdliche Suche nach neuen Gesetzmäßigkeiten in der Natur und ihrer sinnvollen Anwendung für das Wohl der menschlichen Gesellschaft. Die immer zunehmende Anzahl neuer Wissenschaftsbereiche, die ständige Zunahme wissenschaftlicher Aufgaben und die Unmöglichkeit, *alle* erkannten Probleme mit Aussicht auf Erfolg zu bearbeiten, drängen zu einer strengen Auswahl der Forschungsthemen. Die Einsicht zur Notwendigkeit der Konzentration auf Forschungsschwerpunkte, die wirklich neue Erkenntnisse versprechen, haben bei uns zur Aufstellung von Perspektivplänen geführt mit klar umrissenen, zeitlich festgelegten Abschnitten der Bearbeitung und Lösung einer gestellten Aufgabe. Wissenschaftliche Schwerpunktaufgaben aber entstehen aus der prognostischen Sicht über entscheidende Entwicklungstendenzen einzelner Wissenschaftsgebiete. Sie werden entwickelt auf der Grundlage erkannter Gesetzmäßigkeiten und aus der Einschätzung des Wissens, das wir in den nächsten Jahrzehnten in planmäßiger Arbeit erwarten müssen.

Immer deutlicher zeigt sich, daß es neben der kollektiven Bearbeitung strukturbestimmender Schwerpunktsaufgaben in den einzelnen Ländern große wissenschaftliche Probleme gibt, die nur durch eine straff organisierte internationale Zusammenarbeit gelöst werden können. Der erste naheliegende Schritt zur internationalen Kooperation liegt für uns in einer engen, durch Verträge geregelten Zusammenarbeit zwischen den sozialistischen Ländern. Unsere Akademien, Universitäten und Hochschulen haben mit den Akademien und wissenschaftlichen Einrichtungen der Sowjetunion und denen der übrigen sozialistischen Länder solche Verträge abgeschlossen. Sie enthalten eine klare Aufgabenstellung und Gliederung in aufeinander abgestimmte Teilprobleme. Es ist die Aufgabe der Wissenschaftler aller beteiligten Länder, durch intensive Arbeit, durch wechselseitige Studienaufenthalte junger Wissenschaftler in den Laboratorien des befreundeten Partners, durch regelmäßig wiederholte Konsultationen und eingehende Diskussionen die Forschungsthemen einer erfolgreichen Lösung zum Nutzen aller beteiligten Länder entgegenzuführen und damit zu ihrer wissenschaftlichen und ökonomischen Stärkung beizutragen. Aber über diese schon sehr umfangreichen Gemeinschaftsarbeiten hinaus gibt es noch weitere, die ganze Welt umfassende wissenschaftliche Probleme zu lösen, die für die Entwicklung des Menschengeschlechts und für die immer bessere Beherrschung der Naturgesetze von entscheidender Bedeutung sind. Die Notwendigkeit zu internationaler Zusammenarbeit, unabhängig von den politischen und gesellschaftlichen Systemen der einzelnen Staaten, ergab sich aus mehreren Gründen. Moderne Wissenschaft, z. B. auf dem Gebiet der Kernphysik, erfordert unvorstellbar kostenaufwendige Einrichtungen, die von einem Lande kaum getragen und noch weniger von den Wissenschaftlern eines einzelnen Landes ausreichend genutzt werden können. Es sind deshalb in verschiedenen Ländern große Kernforschungszentren aufgebaut worden, die Spezialisten aller Nationen Gelegenheit geben, in großen Kollektiven an der Lösung ganz entscheidender Probleme mitzuarbeiten. Diese Vereinigung einer Elite bester Fachleute und die Konzentration ihrer hohen wissenschaftlichen Begabung auf ein Ziel gestattet eine schnelle, umfassendere und wirksamere Lösung der bearbeiteten Probleme, als dies einem einzelnen Lande mit seinen begrenzten Möglichkeiten gegeben ist.

Diese internationale Großforschung spielt sich also in *einem* Zentrum ab. Ihre Bewährung wird in Zukunft sicher dazu führen, noch weitere internationale Zentren, große internationale Institute zu schaffen, etwa auf dem Gebiet der Molekularbiologie, der Mikrobiologie und der medizinischen Forschung, als eine natürliche Folge moderner Wissenschaftsentwicklung, die im Zeitalter der wissenschaftlich-technischen Revolution entscheidende Probleme mit großem materiellem Aufwand lösen muß.

Nach dem Ende des unheilvollen 2. Weltkrieges entwickelte sich eine weitere Form, unseren ganzen Erdball umfassende wissenschaftliche Zusammenarbeit: Untersuchungen, die an bestimmten Gegenständen oder Erscheinungen im Verlaufe eines begrenzten Zeitraumes mit einer international abgestimmten Methodik ausgeführt werden.

Nach mehr als siebenjähriger Vorbereitungszeit wurde vom 1. 7. 1957 bis zum 31. 12. 1958 das „Internationale Geophysikalische Jahr" durchgeführt. In einem Zeitraum besonders ausgeprägter Sonnenfleckenmaxima wurden mit Hilfe modernster, international festgelegter Meßmethoden – unter dem Einsatz von Raketen und künstlichen Erdtrabanten – alle physikalischen Erscheinungen, Zustände und Vorgänge zwölf wichtiger Teilgebiete der Geophysik im Bereich unseres Planeten einschließlich der ihn umgebenden Lufthülle in bestimmt abgegrenzten Gebieten studiert und erforscht. An einigen Weltzentren wurde das Material gesammelt und aufgearbeitet. Diese Messungen erfolgten an rund 2000 Stationen, wobei etwa 65 Stationen in der DDR beteiligt waren. Ziel dieser Untersuchungen war es, zu neuen, weitreichenden Erkenntnissen über die geophysikalischen Prozesse und Vorgänge im Bereich unserer Erde vorzustoßen, die das Leben in seinen höheren Formen erst ermöglichen. Es bewies zugleich den guten Willen der Menschen, überall auf der Erde zusammenzuarbeiten, um Ziele zu erreichen, die für alle von wirklichem Wert sind.

Nach diesem großartigen wissenschaftlichen und technischen Erfolg schloß sich 1964/65 das „Internationale Jahr der ruhigen Sonne" an. Hier galt es insbesondere, den Zustand im hochatmosphärischen Gas und im interplanetaren Plasma unter den Bedingungen des Sonnenfleckenminimums zu verfolgen und Vergleiche mit den Ergebnissen aus der Zeit des Sonnenfleckenmaximums anzustellen. Diese beiden internationalen geophysikalischen Untersuchungsprogramme, denen sich die „Internationale Hydrologische Dekade" und die Arbeit der „Ozeanographischen Kommission" der UNESCO anschloß, bezogen kaum biologische Untersuchungen ein und waren im Vergleich zum Studium biologischer Vorgänge relativ einfach.

Der komplizierte und komplexe Charakter biologischer Systeme und ihre Abhängigkeit von inneren und äußeren Faktoren macht vor allem mehrjährige Untersuchungen erforderlich, um zu vergleichbaren und sicheren Ergebnissen zu kommen. So entstand die Frage, in welcher Form, mit welcher Aufgabenstellung, mit welchem wissenschaftlichen und organisatorischen Fundament einige große, dringende biologische Probleme bearbeitet werden könnten.

Die Form wurde das Internationale Biologische Programm, abgekürzt IBP.

Die Aufgabenstellung ergab sich aus der Erkenntnis, daß die rapide Zunahme der Erdbevölkerung und die Beschaffung ausreichender Nahrung für die noch in weiten Gebieten der Erde hungernden Menschen, die immer stärkere Landzerstörung durch zivilisatorische Einflüsse, die Sorge um die Gesundheit und Leistungsfähigkeit menschlicher Populationen, sowie die Erhaltung natürlicher Quellen der Regeneration, also auch die Notwendigkeit eines progressiven Naturschutzes, einer modernen Landeskultur und Landschaftspflege, dringend eine sehr schnelle und enge internationale Zusammenarbeit erforderlich machen. Diese Zusammenarbeit der Biologen ist insofern von besonderer Bedeutung, weil von ihren Ergebnissen letzten Endes die Zukunft der Menschheit abhängt.

Lassen Sie uns einige Worte zur Geschichte des Internationalen Biologischen Programms sagen und über das organisatorische Fundament, das die Biologen vieler Länder zu gemeinsamer Arbeit vereinigt hat. Es ist das große Verdienst der im Jahre 1919 gegründeten Internationalen Union der biologischen Wissenschaften (IUBS), daß sie 1947 andere wissenschaftliche Unionen, wie z. B. die Internationale Union der Biochemie (IUB) und die Internationale Union der Physiologie (IUP) und eine Anzahl anderer dazu anregte, den Internationalen Rat wissenschaftlicher Unionen (ICSU) zu bilden, der seinerseits wieder eng mit der UNESCO (United Nations Educational Scientific and Cultural Organization) zusammenarbeitet und von ihr unterstützt wird.

Als Professor G. Montalenti, ein italienischer Humangenetiker, Präsident der IUBS, der Internationalen Union der biologischen Wissenschaften, war, regte er im Oktober 1959 eine dem „Jahr der ruhigen Sonne" ähnliche biologische Unternehmung an. Er fand dabei besonders unter den britischen Wissenschaftlern große Unterstützung. Die ersten Vorschläge zu einem biologischen Programm wurden zunächst rein informell erarbeitet und von der Generalversammlung der ICSU, dem Internationalen Rat der wissenschaftlichen Unionen, 1961 in London und bei einer Zusammenkunft in Morges in der Schweiz angenommen. Dabei wurden sieben noch später zu nennende Sektionen für die Organisation der Forschungen vorgeschlagen, die ihrerseits einzelne provisorische Arbeitsprogramme im Dezember 1962 in Edinburgh bei einer Arbeitstagung vorlegten. Aus ihnen ging schließlich ein vorläufiges Gesamtprogramm hervor, das im Jahre 1963 die Generalversammlung der ICSU in Wien billigte. An ihm wurde von zahlreichen Biologen mit großem Enthusiasmus weitergearbeitet, wobei sich auch Vertreter der FAO (Food and Agricultural Organization), der WHO (World Health Organization), der IAEA (International Atomic Energy Assoziation) und der IUCN (International Union for the Conservation of Nature) beteiligten. Im April 1964 nahmen in Paris bei der ersten Generalversammlung des Internationalen Biologischen Programms Vertreter von 30 Ländern und 12 internationalen wissenschaftlichen Organisationen dieses Programm für eine künftige internationale Zusammenarbeit an, das aus der Verantwortung für die Menschheit entwickelt und unter das Leitwort „The Biological Basis of Productivity and Human Welfare" gestellt wurde.

Das Ziel dieses Programms waren internationale Untersuchungen zu folgenden Problemen:

1. Organische Produktion von Land-, Süßwasser- und Salzwasser-Lebensgemeinschaften und die Erschließung und Verwendung von neuen wie auch schon existierenden biologischen Hilfs-Quellen und
2. die Anpassung des Menschen an die sich verändernden Lebensbedingungen.

Es wurde festgelegt, das Programm auf biologische Untersuchungen zu beschränken, die durch internationale Zusammenarbeit besonders gefördert werden können und die infolge der außerordentlich raschen Veränderungen in allen natürlichen Landschaftsgebieten auf der ganzen Welt besonders dringlich sind.

Ein Spezialkomitee für das IBP (SCIBP), das aus den einzelnen Arbeitsgruppen entstand, legte im weiteren Verlauf einer dreijährigen Vorbereitungsperiode gewisse international verbindliche Einzelheiten für die folgenden sieben Sektionen fest.

1. Produktivität von Land-Lebensgemeinschaften (Productivity of Terrestrial Communities, PT).
Untersuchung der Primär-Produktion der Pflanzenwelt und der Sekundär-Produktion der Tierwelt, die sich von Pflanzen oder Tieren ernährt sowie des Abbaues der organischen Substanz.
2. Produktionsteilprozesse (Production Processes, PP)
Untersuchungen zur Ausnutzung der Sonnenenergie auf dem Wege über die Photosynthese und die Transpiration der Pflanzen sowie zum Stickstoffkreislauf.
3. Schutz und Erhaltung von Land-Lebensgemeinschaften
(Conservation of Terrestrial Communities, CT)
Ausarbeitung von wissenschaftlichen Grundlagen für die Erhaltung von ursprünglichen Landschaftsgebieten und der vom Aussterben bedrohten Pflanzen und Tiere. Sicherstellung der für gegenwärtige und zukünftige biologische Forschungen notwendigen natürlichen Räume. Erhaltung der für die Regeneration der Menschen, insbesondere für die immer mehr anwachsende Bevölkerung in industriellen Ballungsgebieten erforderlichen natürlichen Landschaftsgebiete.
4. Produktivität von Süßwasser-Lebensgemeinschaften
(Productivity of Freshwater Communities, PF)

Untersuchungen über die Primär- und Sekundär-Produktion sowie die Erhaltung von natürlichen Süßwassergemeinschaften. In praktischer Hinsicht wird von diesen Untersuchungen die Fischerei und die Wasserversorgung bzw. die Wasserwirtschaft gewinnen.

5. Produktivität von Salzwasser-Lebensgemeinschaften (Productivity of Marine Communities, PM)

Erforschung der Produktivität der Küstengewässer und Meeresbuchten, da für die Koordination der Forschungen auf den Ozeanen bereits zahlreiche internationale Organisationen bestehen. Auch hier sind die Bemühungen um die Erhaltung natürlicher mariner Lebensräume eingeschlossen.

6. Anpassungsfähigkeit des Menschen (Human Adaptability, HA)

Hauptthemen der Forschung: Humangenetik, Wachstum und Entwicklung des Menschen sowie seine Widerstandsfähigkeit gegenüber Hitze, Kälte und den Bedingungen in großen Höhen, die menschliche Arbeitsfähigkeit und die Dynamik der menschlichen Bevölkerung.

7. Ausnutzung und Bewirtschaftung biologischer Hilfsquellen (Use and Management of Biological Resources, UM)

Einrichtung und Erhaltung von pflanzlichen „Gene Pools", die biologische Schädlingskontrolle, die Untersuchung der Entwicklung und Produktivität einzelner Kulturpflanzen (Getreide) sowie die Entwicklung neuer biologischer Quellen für die Nutzung durch die Menschheit.

Für jede dieser Sektionen wurde ein Sekretär benannt, der die Arbeiten der Gruppe koordinieren soll und den die Mitarbeiter jeder Sektion konsultieren können. Alle Länder, die sich bereiterklären, am IBP mitzuarbeiten, wurden aufgefordert, ein Nationales Komitee für das IBP zu gründen. Erste Aufgabe der Nationalkomitees war, eine Stellungnahme zu den Vorschlägen des Spezialkomitees des IBP über die zu bearbeitenden Hauptrichtungen zu erarbeiten sowie ein eigenes Nationales Programm zu entwerfen. In den Stellungnahmen der einzelnen Nationalkomitees wurde zum Teil sehr heftige Kritik an den Hauptrichtungen geübt und die erfolgreiche internationale Zusammenarbeit auf einigen Gebieten in Frage gestellt. Die Kritik bezog sich einesteils auf die Frage, ob der zum Teil enorme Aufwand, die Primär-Produktivität bestimmter Lebensgemeinschaften zu erfassen, im rechten Verhältnis zum Ergebnis stehen wird. Auch war die Frage einer international einheitlichen Methodik bei bestimmten Hauptrichtungen nicht einfach zu lösen, obwohl sie eine Voraussetzung für vergleichbare Ergebnisse ist. Die Kosten für die Bearbeitung der Probleme des IBP hat jedes Land für sich zu tragen und einen Jahresbeitrag an das Spezialkomitee zu leisten, zur Dekkung der Unkosten, die dem Büro des Spezialkomitees entstehen. Das Nationalkomitee der Deutschen Demokratischen Republik wurde im Sommer

1964 unter der Schirmherrschaft der Deutschen Akademie der Wissenschaften berufen. Ihm gehören 14 namhafte Wissenschaftler aus dem Bereich der Akademien und Universitäten an, die als Verantwortliche die Arbeiten der Sektionen zu koordinieren haben und denen zahlreiche Fachleute aus Akademie- und Universitätsinstituten mit Spezialaufgaben zur Seite stehen. Alle Arbeiten, mit denen wir uns am IBP beteiligten, gehören zu den Schwerpunktaufgaben der angeschlossenen Institute.

Unser Nationalkomitee hat es nach seiner Gründung als eine vordringliche Aufgabe angesehen, die Beteiligung an der von den internationalen Sektionen des Spezialkomitees für das IBP (SCIBP) erarbeiteten Thematik zu prüfen und hat nach mehrfacher ausführlicher Diskussion ein Nationalprogramm entworfen. Die Beiträge des ersten Entwurfs wurden im Verlaufe der weiteren Überarbeitung mit den anderen Nationalen Forschungsprogrammen abgestimmt.

Die Fassung des Nationalprogramms der Deutschen Demokratischen Republik für das Internationale Biologische Programm wurde Anfang 1966 vom Generalsekretär der Deutschen Akademie der Wissenschaften unter dem Vorbehalt noch möglicher Änderungen, dem Präsidenten des Internationalen Biologischen Programms, dem Schweizer Zoologen Professor J. G. Baer, nach London, dem Sitz der Zentrale des IBP (SCIBP) übersandt. So lag unser Nationalprogramm den Delegierten der 2. Generalversammlung des IBP in Paris vor, die Anfang April 1966 stattfand. Die Sektionskomitees der Generalversammlung nahmen zu unserem Programm Stellung und werteten es als eine wesentliche Bereicherung des Internationalen Programms. Mit der Bekanntgabe unseres Nationalprogramms aber wuchs das Interesse weiterer Wissenschaftler der DDR an der Beteiligung dieser weltweiten Aufgabe, so daß neue Ergänzungen notwendig wurden. Auf der 3. Generalversammlung des IBP, die im April 1968 in Varna in der Volksrepublik Bulgarien stattfand, wurde unser endgültiges Programm vorgelegt und im internationalen Gremium diskutiert.

Wir werden nun die wichtigsten Aufgaben, die in der DDR im Rahmen des IBP bearbeitet werden, darstellen, wobei darauf verzichtet werden muß, auf allzu viele Einzelheiten einzugehen. Unser Nationalkomitee beschloß, sich in allen sieben Sektionen des IBP zu beteiligen, und heute arbeiten 50 Institute und andere wissenschaftliche Einrichtungen der DDR mit größeren oder kleineren Teilthemen an den Aufgaben des Internationalen Biologischen Programms mit.

In den ersten Sektionen werden Probleme der Produktivität von Land-, Süß- und Salzwasser-Lebensgemeinschaften und die Produktionsprozesse selbst untersucht.

Trotz aller Fortschritte in der Chemie liefern grüne Pflanzen oder pflanzenfressende Tiere und die aus ihnen bestehenden Lebensgemeinschaften auch heute noch den überwiegenden Teil unserer Nahrung und viele technische Rohstoffe. Es ist jedoch überraschend, wie wenig uns erst über den Haushalt und über die Leistung bestimmter Lebensgemeinschaften oder gar einzelner ihrer Partner bekannt ist. Zwar haben wir relativ genaue Unterlagen über die genutzten Anteile der Pflanzenproduktion, etwa über den Holzeinschlag im Wald, über die auf den Äckern und Wiesen geernteten Mengen an Nahrungspflanzen und Futter. Weitgehend unbekannt ist uns aber die gesamte Produktion an organischer Substanz, die bestimmte Lebensgemeinschaften auf dem Lande, im Süß- oder Salzwasser im Durchschnitt vieler Jahre erbringen. Diese ist in jedem Falle höher als die nutzbare Produktion und beträgt nicht selten ein Vielfaches von ihr.

Es kommt also bei den Produktivitätsuntersuchungen an verschiedenen Lebensgemeinschaften darauf an, die Produktionsbiologie ganzer Gemeinschaften sowohl von Ackerkulturen und Grasflächen als auch von Wäldern, etwa von Kiefern- oder Fichtenbeständen, zu untersuchen um festzustellen, welche Faktoren der unbelebten wie auch der belebten Natur sich auf die Stoffproduktion entscheidend auswirken. Es ist das Ziel dieser Untersuchungen, das potentielle Produktionsvermögen unterschiedlicher, aber genau definierter Standorte zu ermitteln. Voraussetzung hierfür ist eine sorgfältige Boden-, Standorts- und Vegetationskartierung, die mit einheitlichen Methoden durchgeführt werden muß.

Durch parallele Arbeiten, die mit weitgehend gleichen, gegenseitig abgestimmten Methoden, dabei aber durchaus mit Geräten und Apparaturen von unterschiedlicher Kompliziertheit und Feinheit, an verschiedenen Orten der Erde ausgeführt werden, werden Vergleichsgrundlagen geschaffen. – Dabei sollten diese Stationen in einem ausgewogenen Netz über die wichtigsten Lebensgemeinschaften, insbesondere in den vorherrschenden Formationen der großen Klimagürtel der Erde, verteilt sein. Bekannt ist bis jetzt, daß sich an solchen Vorhaben, die mindestens drei Jahre lang durchgeführt werden sollten, außer der DDR, die Deutsche Bundesrepublik, Frankreich, Belgien, Dänemark, die ČSSR, Polen, Ungarn, die Sowjetunion (im europäischen und asiatischen Teil), Japan und Nordamerika beteiligen.

Aus diesen Meßergebnissen wird es möglich sein, gut fundierte Karten der natürlichen Produktivität zu entwerfen, um weitere Fernziele des Internationalen Biologischen Programms zu erreichen. Manche Verbesserungen der Produktivität der von den Menschen genutzten Lebensgemeinschaften werden erst dann möglich sein, wenn man ihre biologischen Grundlagen genauer kennt, als es heute der Fall ist. In den gleichen Themenbereich gehört ein komplexer Feldversuch mit insgesamt 252 Versuchsgliedern, in dem der Einfluß unterschiedlicher Bodenbearbeitungstiefen, verschiedener Düngungsarten und -intensitäten und Fruchtfolgen auf die quantitativen und qualitativen Veränderungen des Bodenlebens geprüft wird. Dabei spielen die stickstoffbindenden, für den Ertrag wichtigen *Azotobacter*-Bakterien eine große Rolle, deren Mengen im Boden unter den verschiedenen genannten Bedingungen geprüft und deren Verhalten gegenüber Pflanzenschutzmitteln, die in den Boden gelangen, studiert werden.

In der Sektion, in der Teilprozesse der Produktion, namentlich die Kohlendioxyd-Assimilation über die Photosynthese, untersucht werden, sind die Studienprogramme von großer Bedeutung, die sich mit dem Einfluß der jahreszeitlich wechselnden Klimafaktoren, also Lichteinstrahlung, Temperatur und Feuchtigkeit, aber auch der Aussaattermine und der Bestandesdichte auf die Produktivität von ausgewählten Kulturpflanzenbeständen befassen. Hierfür werden in allen Klimagebieten der Erde einfache Gefäß- und Feldversuche mit der gleichen Methodik durchgeführt.

Für die Erfassung der Stoffproduktion eines ganzen Pflanzenbestandes in Abhängigkeit von Klimafaktoren sind außerordentlich differenzierte radiometrische Methoden entwickelt worden. Sie gestatten es, in einem Bestand den täglichen Produktionszuwachs zu messen, und man ist immer wieder überrascht, wenn man sieht, mit welch einem hohen apparativen Aufwand heute exakte pflanzenphysiologische Untersuchungen durchgeführt werden müssen. Der Entwicklung leistungsfähiger Apparate und Geräte, die alle Errungenschaften moderner Technik ausnutzen, kommt also heute auch in der Biologie und Landwirtschaft größte Bedeutung zu. Wissenschaftliche Forschung sollte daher in enger Kooperation mit dem wissenschaftlichen Gerätebau stehen, wobei der erste Partner sagen muß, was er zu erforschen beabsichtigt und der andere zu antworten hat, was er leisten kann. Das Leistungsvermögen moderner wissenschaftlicher Geräte bestimmt neben den guten und großen Ideen des Forschers heute das Weltniveau. So ist exakte wissenschaftliche Arbeit zu dem zentralen Thema der Stoffproduktion im Pflanzenreich heute gar nicht mehr denkbar ohne Verwendung sogenannter Phytotrone, das sind kleinere oder größere Klimakammern, in denen Licht, Temperatur und Feuchtigkeit genau reguliert und in der gewünschten Weise kombiniert werden können. Man erwägt sogar, auch den Boden, in dem die Pflanzen wachsen, mit in diese Untersuchungen einzubeziehen, also Pedo-Phytotrone zu konstruieren, mit einem Kostenaufwand von vielen Tausenden bis zu Millionen Mark. Es ist verständlich, daß nicht alle Länder oder Institute, die sich mit Problemen der Stoffproduktion befassen, solche Apparaturen, die auch eine sorgfältige Wartung durch Spezialingenieure erfordern, anschaffen können. Ihre Aufstellung muß also zentral erfolgen und Wissenschaftlern mehrerer Institute Gelegenheit geben, ihre Untersuchungen in *einem* Institut durchzuführen. Ein so wichtiges Problem wie die Erforschung der physiologischen Grundlagen der Stoffproduktion drängt zu internationaler Zusammenarbeit und Arbeitsteilung, und vielleicht werden in nicht ferner Zukunft einmal die besten Spezialisten verschiedener Länder in international besetzten Instituten gemeinsam an dieser großen Aufgabe arbeiten können.

Weshalb messen wir auch im Rahmen des IBP der Erforschung der physiologischen Grundlagen der Stoffproduktion eine so große Bedeutung zu? Die Leistung oder der Ertrag eines Organismus wird von vielen Faktoren bestimmt. Es wurden schon einige der Umweltfaktoren genannt. Hinzu kommt nun als ebenso wichtig die erbliche Veranlagung, die im Zusammenspiel mit der Umwelt die Leistung jedes Lebewesens bestimmt. Stoffproduktion ist also ein komplexer Prozeß, aus vielen Einzelereignissen zusammengesetzt. Diesen Komplex in seine wesentlichen Bestandteile aufzulösen und das Leistungsvermögen jedes untersuchten Faktors zu erkennen, ist eine grundlegende Voraussetzung für die Züchtung ertragreicher Kulturpflanzen. Wir wissen heute schon, daß bei den Getreidesorten der Welt erblich bedingte Unterschiede in der Größe der Assimilation bestehen, also der Aufnahme des Kohlendioxyds aus der Luft und seiner Verarbeitung mit Hilfe des Blattgrüns zu organischen Stoffen, wie Zucker und Stärke. Sicherlich gibt es auch erbliche Unterschiede bei einzelnen Pflanzensippen in der Fähigkeit, Nährstoffe oder Wasser mit der Wurzel aus dem Boden aufzunehmen, oder in der Entwicklungsgeschwindigkeit und dem Übergang von der vegetativen in die reproduktive Phase. Erst wenn wir die einzelnen Faktoren der Stoffproduktion genau kennen, können wir Faktoren größter Leistung durch das Züchtungsexperiment neu kombinieren und so wahrscheinlich noch Produktionssteigerungen bei unseren Kulturpflanzen erreichen, die die Erträge der heute angebauten Sorten weit übertreffen. Wir dienen also mit der Erforschung der physiologischen Grundlagen der Stoffproduktion und der Anwendung der Ergebnisse in der Praxis der menschlichen Wohlfahrt, getreu dem Motto, das uns das Internationale Biologische Programm stellt.

Bisher wurde nur auf einige Probleme der Produktionsbiologie und der Produktionsprozesse von Landpflanzen eingegangen. Die Produktionsbiologie der Süß- und Salzwasserlebensgemeinschaften wird im Rahmen des IBP an einer Anzahl ausgewählter natürlicher und künstlicher stehender Gewässer und in küstennahen Meeresgebieten der Ost- und Nordsee untersucht. Wesentliches Ziel dieser Arbeit ist die Feststellung der Primär-, Sekundär- und Endproduktion dieser Gewässer. Als Primärproduktion bezeichnen wir dabei die Summe der von den autotrophen Organismen aufgebauten organischen Substanz. Die Höhe dieser Primärproduktion wird bedingt bzw. begrenzt durch eine Anzahl von Faktoren, die erforscht werden sollen und die im wesentlichen den Stoffkreislauf in einem Gewässer betreffen. Zur Sekundärproduktion gehört eine qualitative und quantitative Bestandesaufnahme der wichtigen Organismen, die im Wasser leben. Es müssen diese Organismen-Gesellschaften analysiert und die ökologischen Faktoren, die sie bedingen, untersucht werden, wobei Fragen der Energieströmung und des Stoffkreislaufes in der Nahrungskette und ihre Ausnutzung durch die Kettenglieder eine besondere Rolle spielen. Von der Primär- und Sekundär-Produktion ist aber die Fischproduktion, die Endproduktion der Gewässer abhängig. Diese möglichst ertragreich zu gestalten, ist das Ziel aller Untersuchungen im internationalen Maßstab, wobei es gilt, allgemeine Gesetzmäßigkeiten für die Voraussetzung einer optimalen Fischproduktion zu finden. Besonderes Interesse verdienen im Rahmen unseres Programms dabei Untersuchungen am Großen Stechlinsee und an den Trinkwasser-Talsperren des Erzgebirges, weil an diesen Objekten außer den Gewässern auch der gesamte Landschaftshaushalt mit erfaßt werden muß, um die Wechselbeziehungen zwischen Land- und Wasser-Bereichen nicht zu vernachlässigen. In beiden Gewässern sind durch den Eingriff des Menschen entscheidende Umgestaltungen der Landschaft (Atomkraftwerk und Trinkwasserbecken) erfolgt, die von großem Einfluß auf die Gesamtlandschaft sind.

Das, was für die Binnen-Gewässer an Aufgaben genannt wurde, gilt im Prinzip auch für die küstennahen Meeresgebiete der Nord- und Ostsee. Es handelt sich auch hier um die Erfassung der Intensität der Primärproduktion unter variierenden hydrographischen Bedingungen und die Beeinflussung des Stoffhaushalts. So wird durch laufende Terminfahrten die Primärproduktion des Phytoplanktons, also der kleinsten im Wasser vorhandenen Lebewesen, in Abhängigkeit vom Nährstoffgehalt des Wassers bestimmt. Ferner werden die Lebensgemeinschaften der Uferregionen in Mischwassergebieten qualitativ und quantitativ untersucht, um qualitative Hinweise für die Salzwasser- oder Abwasserbeeinflussung zu erhalten. Auch besteht in einem Teil unserer küstennahen Gebiete die Absicht, die Gewässer einer wasserwirtschaftlichen Nutzung zuzuführen, die sicher wieder von großem Einfluß auf Produktionsbiologie und Hygiene dieser Gewässer sein wird. Aus diesen Untersuchungen ist schon ersichtlich, wie der Mensch in einer hochentwickelten Industriegesellschaft immer stärker in den Haushalt der Natur eingreift und sie verändert. Es ist dies ein weltweites Problem, das uns nun an die im IBP bearbeiteten Probleme der Erhaltung und Gestaltung von Naturschutzgebieten, Naturparks, Landschaftsschutzgebieten und Erholungsgebieten heranführt.

Dabei stehen wir heute vor ganz anderen Problemen als zum Beginn der Naturschutzbewegung im vergangenen Jahrhundert. Setzten sich damals verantwortungsbewußte Naturfreunde und Naturforscher für die Erhaltung wertvoller Naturdenkmäler ein, so mahnen heute weltweite Beispiele des Raubbaues am Land mit Bodenzerstörung, Klimaverschlechterung und Wassernot als seinen verheerenden Folgen zur pfleglichen und planvollen Nutzung der Naturreichtümer unseres Lebensraumes unter Beachtung aller Naturgesetze.

Andererseits gilt es die letzten Reste naturnaher Landschaften, die Refugien zahlreicher Pflanzen- und Tierarten, deren Biotope immer mehr verändert oder zerstört werden, in Form von Reservaten zu schützen und den kommenden Generationen zu erhalten. Diese Schutzgebiete sind zugleich hervorragende „Freilandlaboratorien", sie sind Lehr- und Forschungsobjekte, um wichtige biologische und landschaftsökologische Zusammenhänge in ihrem ungestörten Ablauf zu erforschen und zu erkennen.

Viele Länder der Erde bemühen sich seit Jahren, solche Reservate in möglichst unberührten Landschaften einzurichten. Im IBP wird angestrebt, eine Übersicht über die großen Reservate der Welt zu bekommen, in denen als Repräsentanten wesentlicher Landschaftstypen und Standortsformen mit ihren spezifischen Vegetations- und Tiergemeinschaften, die Grundlagen für wissenschaftliche und praktische Maßnahmen des Schutzes und der Pflege dieser Gebiete erarbeitet werden müssen. Sie sollen auch der international als notwendig erkannten Erhaltung der vom Aussterben bedrohten Pflanzen und Tiere dienen, deren Biologie und Lebensansprüche studiert werden müssen. Die größeren Naturschutzgebiete der DDR sind aber in der Hauptsache Freilandforschungsflächen für Untersuchungen verschiedener bio- und geowissenschaftlicher Disziplinen, die mit immer mehr verfeinerten Methoden erschlossen werden sollen. Gleichzeitig dienen sie der Ausbildung des wissenschaftlichen Nachwuchses in der Erkennung und Bearbeitung von Lebensgemeinschaften in unberührten Landschaften. Diese Biozönosen werden in regelmäßigen Abständen und nach definierten Methoden untersucht als erste Voraussetzung für vergleichbare ökologische Erhebungen über längere Zeiträume. Dazu sind auch Dauerbeobachtungsflächen vorgesehen, deren intensive Aufnahme durch vegetationskundliche und standortskundliche Untersuchungen und durch das Studium der Lebensgemeinschaften erfolgen soll. Eine Abstimmung aller dieser Arbeiten mit den Nachbarstaaten ist dabei unbedingt erforderlich.

Ferner werden Grundlagen zur allgemeinen Landschaftspflege der Kulturlandschaft erarbeitet, ein Problem, das im besonderen für dicht besiedelte Industrie- und Bergbaugebiete, für die Umgebung der menschlichen Ballungszentren, der Großstädte, von besonderer Bedeutung ist. In hochentwikkelten Industriegesellschaften mit ihren spezifischen zivilisatorischen Gegebenheiten weisen verantwortungsbewußte Naturwissenschaftler und Ärzte mit Nachdruck darauf hin, daß mit dem Eingreifen der Technik in alle Bereiche unseres Lebens nicht nur das Wohlbefinden, sondern auch die Gesundheit des Menschen ungünstig beeinflußt werden können. Verunreinigtes Wasser, unreine Luft, dauernde Lärmbelästigungen sind nur einige, besonders auffällige Störungen. Diese Gefahren sind auch in ökonomischer Hinsicht sehr beachtlich. So ist die Sorge um die Erhaltung der Gesundheit vielseitig beanspruchter arbeitender Menschen und die gesunde Entwicklung Jugendlicher für die kommenden Generationen berechtigt.

Es sollen daher ein System von Landschaftsschutzgebieten und, wenn möglich, einige Naturparks als großräumige gepflegte Erholungsgebiete entwickelt und hierfür Landschaftspflegepläne, Schutz- und Behandlungsrichtlinien und Entwicklungspläne erarbeitet werden. Dies wiederum erfordert eine enge Zusammenarbeit mit den Naturschutzverwaltungen unter Einbeziehung möglichst zahlreicher Planungsorgane der Land- und Forstwirtschaft, der Wasserwirtschaft, des Bergbaues, der Bauämter, des staatlichen Gesundheitsdienstes, insbesondere der Hygieniker und der staatlichen Plankommission. Wo eine Landschaft zerstört wird, etwa durch Braunkohlen-Tagebaue, muß sie in einem dichtbesiedelten Lande nach Abbau der Kohle so schnell wie möglich wiederhergestellt eine Stätte der Erholung im Sinne vorbeugender Gesundheitsfürsorge werden.

Zu diesem Problemkreis gehören aber auch die Verschmutzung von Gewässern durch Industrieabprodukte und die Gefährdung ganzer Landschaften durch Industrie-Abgase. Dabei ist die Reinhaltung der Gewässer durch eine gesetzlich vorgeschriebene Reinigung der Abwässer bei dem stark zunehmenden Wasserbedarf in Industrie und Landwirtschaft eine sehr dringende Aufgabe, die nur durch internationale Zusammenarbeit und Anwendung der besten Methoden gelöst werden kann. Wiederum ist hierbei eine enge Zusammenarbeit mit den Nachbarstaaten erforderlich.

Bei den Fragen des Natur- und Landschaftsschutzes, der Landschaftsgestaltung und der Einrichtung von Erholungsgebieten haben wir uns schon den Aufgaben genähert, die im Rahmen des IBP eine ganz unmittelbare Bedeutung für die menschliche Wohlfahrt haben. Der Mensch ist, je nach dem Entwicklungsstadium der Gesellschaft, in der er lebt, der sozialen Gruppe, zu der er gehört, und in Abhängigkeit vieler, auf ihn einwirkender Faktoren einer sehr verschieden starken Beanspruchung durch die Umwelt ausgesetzt. Das IBP bot willkommene Gelegenheit, die Fragen der menschlichen Anpassungsfähigkeit über weite Räume mit verschiedenen geographischen und klimatischen Bedingungen zu erforschen.

Es handelt sich dabei um den Versuch, die erstaunliche Anpassungsfähigkeit des Menschen an höchst unterschiedliche Umweltbedingungen, wie sie durch das Klima, durch die Höhenlage, die Ernährungsart, durch unterschiedliche Muskel- und Kreislaufbeanspruchungen, durch Parasiten und Krankheitsüberträger u. a. gegeben sind, in der ganzen Welt einmal gleichzeitig und mit gleichartiger Methodik zu registrieren. Sicher ist schon früher ein umfangreiches Material zu diesen Fragen zusammengetragen worden. Aber dies geschah sporadisch zu verschiedenen Zeiten und mit höchst unterschiedlichen Methoden, so daß die bisherigen Resultate untereinander nicht streng vergleichbar sind.

Bisher wurden Probleme der Anpassung an starke Hitze, Kälte oder große Höhen nur vereinzelt und nicht an ganzen Populationen durchgeführt, so daß aus solchen Untersuchungen, wenn sie planmäßig angelegt werden, viel über den Mechanismus adaptiver Prozesse bei der Hitzeregulierung im Kreislauf und anderen Körpersystemen erfahren werden kann. Auch die Erforschung der Grenzen der Anpassung, die Ursachen des Zusammenbruchs und der Verlust der Anpassung sind für die körperliche oder geistige Arbeit, für den Schlaf und für optimales Wachstum und Entwicklung solcher unter extremen Bedingungen lebenden Populationen von großer Bedeutung. Dabei muß geprüft werden, wie sich unter den Bedingungen hochzivilisierter Länder das Anpassungsvermögen an unterschiedliche Umweltbedingungen, an Klima, Ernährung, Stadt- oder Landsiedlungen bezüglich Wachstum und Entwicklung und körperliche und geistige Leistungen verhält. So werden in einigen Städten mit den Hilfsmitteln der Anthropometrie erneut die Körpermaße von Schulkindern in solchen Bevölkerungsgruppen aufgenommen, von denen seit Jahrzehnten entsprechende Messungen vorliegen, um den Wandel im Wachstumstempo und in den daraus resultierenden Körperproportionen unter den modernen Lebensbedingungen zu erfassen. In der modernen Industriegesellschaft übernimmt die Technik mit allen Errungenschaften und eine gut entwickelte prophylaktische Medizin einen Teil der Anpassungsleistung des menschlichen Organismus. Anders ist dies in Bevölkerungsgruppen, die noch heute „archaische" Kulturformen haben. Es sind also Jäger, Sammler, Hirtenvölker sowie Gruppen mit Grabstock- und Hackbaukultur, die noch heute unter Bedingungen leben, die der Mensch bisher in dem weitaus größten Teil seiner Geschichte erlebte. Diese Gruppen sind in ihrer Gesamtzahl klein und hinsichtlich ihrer Umweltbeziehungen einigermaßen überschaubar.

Vorgesehen sind solche Untersuchungen deshalb u. a. bei den Thule-Eskimos und anderen Eskimogruppen der Arktis, bei Bewohnern der Aleuten, bei der europäischen Bevölkerungsgruppe der Subarktis, den Lappen. In

Lateinamerika sollen Indianerstämme in Ostparaguay, Bolivien und Brasilien studiert werden, während man in Afrika auf Stämme in Südwestafrika und Tanganyika hinweist, um nur einige Beispiele zu nennen.

Anpassungsfähigkeit wird aber nicht nur als individuelle Anpassung (Modifikation), sondern auch auf der Basis einer genetischen Selektion verstanden. Es gilt also zu untersuchen, ob bestimmte Familienverbände eine höhere Resistenz gegen Parasiten oder Infektionskrankheiten entwickelten und ob sich Ausleseprozesse vermuten lassen, die zur Anreicherung oder Verminderung bestimmter körperlicher Merkmale oder Funktionen führten. Nun werden aber diese gesammelten Ergebnisse erst im Vergleich mit den Verhältnissen in Bevölkerungsgruppen der verschiedensten gesellschaftlichen Entwicklungs-Stadien bis zur modernen Industriegesellschaft wirklich aufschlußreich. So sind im Internationalen Biologischen Programm Untersuchungen an jeder Art von Land- und Stadtbevölkerung sowie von Sondergruppen, wie etwa Leistungssportlern, vorgesehen.

Hierher gehören vergleichende Untersuchungen in europäischen Ländern, zu denen entsprechende Arbeiten in unserem Nationalprogramm enthalten sind, deren Arbeitsmethoden für Körpermessungen, Funktionsprüfungen usw. selbstverständlich international einheitlich entwickelt und festgelegt wurden.

Ebenfalls soll die Leistungsfähigkeit von Kinderkollektiven verschiedenen Alters unter verschiedenen Tagesablaufbedingungen untersucht werden. Auch die Ernährungsgewohnheiten, Energiebilanz, Fettverteilung und effektive Trainingsbelastung bei 10- bis 14jährigen Schwimmern im Leistungstraining werden untersucht. Es ist sicher wichtig, im Rahmen der großen Sportbewegung die Veränderung der Kreislaufgrößen, die Kraft- und Leistungsmessungen, die Atemgrößen in Abhängigkeit vom Alter, von der Belastung und unter Berücksichtigung des Trainingszustandes zu registrieren. Dabei spielen auch Messungen der peripheren und zentralen Ermüdung bei Kindern und Jugendsportlern eine Rolle. Von großer Bedeutung sind im Rahmen dieser Sektion weiterhin Fragen der Ernährung, wobei Ernährungsweise und physischer Entwicklungszustand möglicherweise konstitutionell bedingte Unterschiede erkennen lassen werden. Eine andere Gruppe bearbeitet an Säuglingen Bilanzuntersuchungen unter Berücksichtigung der Qualität und Quantität des Nahrungseiweißes.

Die vorgesehenen und in der Auswahl geschilderten Arbeiten werden eine Fülle von Einzeldaten durch große, bisher nirgendwo durchgeführte Serienuntersuchungen erbringen, die mit modernen biostatistischen Methoden und nach Möglichkeit in einem zentralen Rechenzentrum aufgearbeitet werden müssen. Die Beispiele betrafen größtenteils Untersuchungen an Jugendlichen. Sie müssen in gleicher Weise auch an Erwachsenen durchgeführt werden und schließlich zu einer vergleichenden Entwicklungsbiologie des Menschen führen, die Menschen- und Völkerkunde eng miteinander verbinden wird. Immer wichtiger aber werden auch internationale genetische Untersuchungen an menschlichen Populationen, wobei die Häufigkeit bestimmter Anlagen und ihre Verteilung in den verschiedenen, am IBP beteiligten Nationen ermittelt werden sollen. So untersucht eine Arbeitsgruppe die PTC-Schmeckfähigkeit (Geschmacksprüfung auf Phenylthiocarbamid) in bestimmten Bevölkerungsgruppen der DDR, da die Häufigkeit dieses „genetischen Markierers" in Mitteleuropa noch nicht genügend bekannt ist. Ein anderes Institut führt Arbeiten zur Vererbung der Fettsucht durch, und seit die Methodik der Chromosomenuntersuchungen beim Menschen wesentlich verbessert wurde und sein Chromosomensatz in der Morphologie der Chromosomen sehr genau bekannt ist, werden auch Untersuchungen zur Feststellung der Häufigkeit chromosomaler Veränderungen bei Kindern durchgeführt und nach den Ursachen dieser Veränderungen geforscht. Schließlich seien noch Untersuchungen an ausgewählten Gruppen der Erwachsenen-Bevölkerung genannt, die sich mit einer Erhebung über die Häufigkeit und den Schweregrad des Diabetes mellitus, der Zuckerkrankheit, befassen. Diese Krankheit befindet sich in starker Zunahme, und es sind daher Reihenuntersuchungen auf der Grundlage international anerkannter Richtlinien und standardisierter Untersuchungsmethoden erforderlich, um Häufigkeit und Ursachen dieser Krankheit zu erforschen.

Die Sorge um die Gesundheit der Menschen und die schon erwähnte schnelle Zunahme der Weltbevölkerung zwingt dazu, alle Möglichkeiten einer Verbesserung der Ernährungsgrundlage in einer Welt zu schaffen, in der heute noch mehr als die Hälfte ihrer Bewohner unzureichend ernährt wird. Wir stehen somit vor dem sehr ernsten Problem, mit allen der Wissenschaft zugänglichen und in Zukunft zu entwickelnden Methoden der drohenden Gefahr von Hungerkatastrophen in großen Gebieten der Erde zu begegnen. Die Aufgaben, die wir auf diesem Gebiet zu lösen haben, sind wiederum sehr vielschichtig. Sie haben mit intensiven Arbeiten zur Verbesserung der Pflanzenerträge zu beginnen, gleichzeitig die Sicherheit der Pflanzenerträge durch neue Sorten zu gewährleisten, die widerstandsfähig gegen große Ertragsverluste bedingende Krankheiten sind, und die Entwicklung wirksamer chemischer Pflanzenschutzmittel zu beachten. Sie müssen weitergeführt werden durch die Schaffung qualitativ hochwertiger Sorten, etwa im Eiweißgehalt oder in anderen Inhaltsstoffen, und sie enden in weiter Sicht mit der Schaffung ganz neuer simulierter Nahrungsmittel aus Milch und Pflanzenprodukten, die in ihrer Qualität der heutigen Fleischnahrung mindestens gleichwertig oder sogar gesünder sind, mit geringerem Kosten- und Energieaufwand hergestellt werden können und voraussichtlich eine ganz neue Struktur der Landwirtschaft bedingen werden.

Nur ein Teilgebiet dieser weltweiten Problematik können wir abschließend behandeln, wie dies im Rahmen des Internationalen Biologischen Programms in der Sektion festgelegt wurde, welche die Nutzung und Bewirtschaftung biologischer Hilfsquellen zum Inhalt hat.

Um die Erträge unserer Kulturpflanzen zu steigern, bedarf es der planmäßigen Ausschöpfung aller Möglichkeiten, die uns die Pflanzenwelt der Erde bietet. Daher dürfen wir auch die Suche nach neuen Kulturpflanzen nicht vernachlässigen, die sich aus bisher nur gelegentlich genutzten Wildpflanzen entwickeln lassen. Dabei können auch niedere Pflanzen wie Pilze und Algen, ja sogar Bakterien durch Züchtungsprozesse zu Kulturpflanzen werden. Alle unsere heute angebauten Kulturpflanzen sind einst aus Wildformen durch unbewußte oder bewußte Selektion hervorgegangen und haben eine Entwicklung über leistungsschwache Primitivsorten zu Hochzuchtsorten durchgemacht. Der Weg der Züchtung bestand lange Zeit in der Auswahl und in der Vereinigung wertvoller Erbanlagen, die sich in einer ihnen gemäßen Umwelt entfalten können und dann einen hohen Ertrag bedingen. Heute wird dieses Ziel durch immer verfeinerte Methoden der Züchtungsforschung erreicht.

Das Ausgangsmaterial aber, das der Züchter oder Züchtungsforscher für seine Arbeit benutzt, liegt in den großen Reserven, die in bestimmten geographischen Gebieten der Erde, in sogenannten Zentren der Mannigfaltigkeit unserer Kulturpflanzen und ihrer Verwandten gelegen sind. Seit nahezu 50 Jahren sind uns diese Zentren durch die bedeutenden Arbeiten des russischen Botanikers Nikolai Ivanovitsch V a v i l o v bekannt, und es ist erwiesen, daß in ihnen neben vielen züchterisch wertlosen Merkmalen und Eigenschaften eine Fülle wertvoller Erbanlagen wie Krankheitswiderstandsfähigkeit, Resistenz gegen Dürre und Kälte, gute Eiweiß- und Backqualität und andere erbliche Leistungsanlagen enthalten sind. Diese wilden Verwandten unserer Kulturpflanzen und die in manchen Ländern mit gering entwickelter Landwirtschaft noch vorhandenen Primitivsorten zu sammeln und zu erhalten, um sie als entscheidendes, unerschöpfliches Ausgangsmaterial für die Neuzüchtung zu nutzen, ist eine der großen Aufgaben, die dringend zu lösen ist. An diesen Arbeiten sind wir im Rahmen des IBP entscheidend beteiligt, mit der weiteren Entwicklung und Bearbeitung des zweitgrößten Weltsortiments von Wild-, Primitiv- und Landsorten der Kulturpflanzen, das es in Europa gibt. Das größte dieser Weltsortimente liegt in Leningrad und geht auf Sammlungen zurück, die V a v i l o v in den 20er und 30er Jahren unseres

Jahrhunderts begann. Das Weltsortiment der DDR, in Gatersleben im Institut für Kulturpflanzenforschung der DAW erhalten, umfaßt heute zwischen 30- und 40-tausend lebende Sippen von Kulturpflanzen und ihren Verwandten, die seit über 35 Jahren von deutschen und ausländischen Wissenschaftlern gesammelt wurden und die in den Sammlungsgebieten größtenteils schon verschwunden sind. Sie stammen aus Mittel- und Südosteuropa, aus Kleinasien, dem Iran, dem Hindukusch-Gebiet, aus Tibet, Nordost-China, Äthiopien und Mittelamerika. Außerdem enthält diese Sammlung auch Zuchtsorten aus allen europäischen und außereuropäischen Ländern, vor allem ältere Sorten, die zu Beginn dieses Jahrhunderts angebaut wurden.

Die Züchter in aller Welt wissen, daß sie auf diese Sortimente als Ausgangsmaterial für ihre Arbeit nicht verzichten können. So umfangreich die bisherigen Sortimente, die heute existieren, auch sein mögen, sie erfassen nur einen geringen Teil der wirklichen Weltreserven. Aber diese Reserve ist seit vielen Jahren einer tödlichen Bedrohung ausgesetzt durch den Verlust dieser Sippen und damit wertvollen Erbmaterials infolge der auch in den Mannigfaltigkeitszentren immer weiter zunehmenden Verbesserungen der Ackerkultur, der Einführung ausländischer Hochzuchtsorten oder durch eigene neue Züchtungen. Gleichzeitig verringert sich auch in dem Maße, in dem die genetische Variabilität abnimmt, die Möglichkeit für neue Kreuzungen, für die Entwicklung weiterer, zu Höchstleistungen befähigter Sorten.

Im Internationalen Biologischen Programm ist uns die Aufgabe gestellt, zur planmäßigen Nutzung des reichen Genreservoirs eine gründliche Suche nach züchterisch wertvollen Merkmalen und Eigenschaften in unserem Weltsortiment vorzunehmen. Das geschieht auch in anderen an diesem Programm beteiligten Ländern, sofern sie über solche Sammlungen verfügen, und eine klare Aufteilung und Koordinierung der Arbeiten ist bei der Fülle des großen Materials erforderlich, die von einem Lande allein nicht bewältigt werden kann. Die Erhaltung dieser lebenden Sammlungen ist mit einem beachtlichen Kostenaufwand verbunden. Für ihre Bearbeitung sind spezielle Laboratorien zur Ermittlung von Eiweißgehalt und anderen wertvollen Inhaltsstoffen, und phytopathologische Laboratorien zur Prüfung der Krankheitsresistenz notwendig. Aber mit der Bearbeitung der Sortimente allein ist noch nicht alles getan. Die Rettung dieser wertvollen Reserven kann nur durch große Sammelreisen in die Zentren der Formenmannigfaltigkeit der Kulturpflanzen erfolgen. Während solche Expeditionen bisher meist von einem Lande allein durchgeführt wurden, werden sich in Zukunft Wissenschaftler mehrerer Länder, insbesondere innerhalb des sozialistischen Lagers, zu Gemeinschaftsunternehmen zusammenfinden und die Aufteilung des gesammelten Materials zwischen den beteiligten Ländern zu allseitigem Nutzen vornehmen. Während mehrerer Arbeitstagungen wurde die Erarbeitung eines methodischen Handbuches beschlossen, das Hinweise für die Durchführung von Sammelreisen, der Entnahme repräsentativer Muster am Standort, der Aufarbeitung und Nutzung des gesammelten Materials einschließlich der langjährigen Konservierung und seiner Dokumentation enthalten soll. Auch wir werden uns, wie schon seit vielen Jahren, an künftigen Sammelreisen beteiligen.

Bei diesen Sammelreisen werden in erster Linie Primitivformen subtropischer und tropischer Kulturpflanzen, ihre wildwachsenden verwandten Arten und auch Wildpflanzen gesammelt werden, die für eine Inkulturnahme in diesen Gebieten, vor allem zur Deckung des Eiweißbedarfs, aussichtsreich erscheinen. Dazu ist es nach den bisher gesammelten Erfahrungen notwendig, daß das in bestimmten Gebieten gesammelte Material von Kultur- und Wildpflanzen, deren Anbau und Züchtung aussichtsreich erscheint, in diesen Gebieten auch erhalten und erprobt wird. Diese Länder sind hierzu meist noch nicht in der Lage, sie verfügen bisher nicht über genügende Erfahrungen und Mittel, solche Kollektionen zu unterhalten und zu bearbeiten. Daraus ergibt sich die Verpflichtung, die Auswertung und Erhaltung dieses Materials in regionalen Stützpunkten einer „Weltbank für züchterisches Ausgangsmaterial" gemeinsam zu organisieren. Eng damit zusammen hängt die Frage der Ausbildung von Wissenschaftlern dieser Staaten, die regionale Stützpunkte leiten sollen. Wir haben uns bereiterklärt, ein solches Trainingszentrum im Gaterslebener Institut zu schaffen, in dem Wissenschaftler junger Nationalstaaten für diese Aufgaben angeleitet werden, da wir über 20jährige Erfahrungen bei der Einrichtung und Erhaltung von Kulturpflanzensortimenten verfügen. Dieser Erfahrungsschatz soll den Wissenschaftlern junger Nationalstaaten in Afrika und Asien, in mittel- und südamerikanischen Ländern vermittelt werden, denn gerade in diesen Gebieten wird es während und nach dem Ablauf des IBP erforderlich sein, solche Stützpunkte aufzubauen. In ihnen soll dieses wertvolle Material gegenwärtig noch kultivierter Primitivsorten landwirtschaftlicher und gärtnerischer Kulturpflanzen sowie ihrer wildwachsenden Verwandten unter den ökologischen Verhältnissen angebaut werden, an die sie besonders angepaßt sind, um sie für züchterische Arbeiten der nach uns kommenden Generationen zu erhalten. Grundlage für die künftige Sammlungsarbeit wird die Mitarbeit an der Aufstellung eines Katalogs der Kulturpflanzen und ihrer Verbreitung sein, denn kostspielige Sammelreisen in ausgewählte Länder erfordern eine gründliche Vorbereitung.

Mehrfach wurde betont, wie wichtig diese Sammlungen als Reservoir züchterisch wertvoller Merkmale und Eigenschaften unserer Kulturpflanzen sind. In einer modernen Landwirtschaft spielt der Kampf gegen Krankheiten und Schädlinge aller Art eine entscheidende Rolle. Die Züchter haben die Aufgabe, krankheitswiderstandsfähige Sorten zu schaffen, die also die erbliche Eigenschaft der Resistenz in sich tragen.

Die große Zahl der zoologischen und botanischen Schaderreger der Kulturpflanzen sowie die durch sie hervorgerufenen wirtschaftlichen Schäden erfordern alljährlich umfangreiche Bekämpfungsmaßnahmen, ohne die eine ausreichende Versorgung der Bevölkerung mit Nahrungsmitteln heute nicht mehr denkbar wäre. Der überwiegende Teil aller Bekämpfungsmaßnahmen erfolgt durch die Anwendung chemischer Präparate. Diese weisen jedoch neben ihrer Giftigkeit gegen Schädlinge vielfach auch eine mehr oder weniger hohe Giftigkeit für Mensch und Haustier auf. Da kein Land auf den Einsatz chemischer Präparate verzichten kann, sind die Bemühungen eines modernen Pflanzenschutzes darauf gerichtet, die damit verbundenen Gefahren so gering wie möglich zu halten bzw. ganz auszuschalten, unter gleichzeitiger Gewährleistung eines hohen Bekämpfungserfolges. Dies kann nur erreicht werden, wenn eine sinnvolle Kombination aller zur Verfügung stehenden Bekämpfungsverfahren unter Berücksichtigung der Entwicklung von Kulturpflanzen und Schaderreger sowie wirtschaftlicher Gesichtspunkte erfolgt. Dies ist das Ziel des modernen, integrierten Pflanzenschutzes. In ihm müssen auch die natürlichen Feinde der tierischen Schädlinge eine angemessene Rolle spielen, da sie in bestimmten Fällen mit dazu beitragen, die Schädlingspopulationen zu reduzieren bzw. eine Massenvermehrung zu verzögern. In der Sektion Ausnutzung und Bewirtschaftung natürlicher Hilfsquellen organisiert und koordiniert eine andere Arbeitsgruppe die weltumfassende Zusammenarbeit der biologischen Bekämpfung von Insektenschädlingen. Der praktischen Anwendung müssen sorgfältige Untersuchungen der Ökologie der Schadinsekten, ihrer natürlichen Feinde sowie ihres gegenseitigen Zusammenwirkens vorausgehen. Eine besondere Bedeutung gewinnen die natürlichen Feinde der Schädlinge in Dauerkulturen, z. B. im Forst und in Obstplantagen. Unter den Bedingungen der DDR wird der Entwicklung integrierter Bekämpfungsprogramme vor allem im Obstbau Beachtung geschenkt. Bei diesen Untersuchungen gilt es zunächst, das Artenspektrum der Nützlinge zu erfassen und ihre Wirte im Bereich der tierischen Schädlinge kennenzulernen. Ferner ist von Interesse zu erfahren, welchen Einfluß die einzelnen Nützlingsarten auf die Populationsdichte der wichtigsten zoologischen Schädlinge, vor allem der verschiedenen Schmetterlingsarten sowie der Spinnmilben, ausüben. Untersuchungen über die Lebensweise der Nützlinge werden Unterlagen dafür liefern, unter welchen Umständen sie günstige Lebens- und Vermehrungsbedingungen finden. Durch Feststellung ihres jahreszeitlichen Auftretens lassen sich Hinweise dafür finden, in welchen Zeitabschnitten chemische Bekämpfungsmittel besonders stark in den Nützlingsbestand eingreifen. Zusammen mit der Kenntnis über die Wirkung der verschiedenen Pflanzenschutzmittel auf die einzelnen Nützlingsarten lassen sich gezielte Bekämpfungsprogramme mit chemischen Mitteln bei weitgehender Schonung der Nützlinge und höchstem Erfolg gegen die Schädlinge ableiten. In speziellen Fällen ist es sogar möglich geworden, Nützlingsarten zu finden, die nach Vermehrung in künstlicher Kultur durch Aussetzen im Freiland gezielt gegen bestimmte Schädlinge zum Einsatz kommen können. Verschiedene physikalische und chemische Agentien haben die Eigenschaft, die Männchen bzw. Weibchen bestimmter Schädlingsarten nach Anwendung bestimmter Dosen zu sterilisieren. Chemische Mittel können entweder den Schaderregern mit dem Futter gereicht werden, oder sie werden äußerlich angewendet. Wenn in dem Verbreitungsgebiet eines Schädlings an verschiedenen Stellen derart behandeltes Futter angeboten wird, dann werden in zunehmendem Maße sterile Eier abgelegt, so daß hierdurch eine allmähliche Selbstvernichtung der Schädlingspopulation erreicht wird.

Vielfach verursachen Pflanzenschutzmaßnahmen jedoch auch Störungen von Lebensgemeinschaften. Diese betreffen nicht nur die Vernichtung der natürlichen Feinde von Schädlingen, vielmehr können auch bestimmte Schädlingsarten durch die Vernichtung ihrer natürlichen Feinde zu einer Übervermehrung kommen. Ganz besonders bringt die Anwendung von Pflanzenschutzmitteln auf großen Flächen eine erhöhte Störung der Biozönose mit sich. Die Störungen der Lebensgemeinschaften erstrecken sich einmal auf das Leben im Boden, indem nützliche Bodenbakterien, Pilze und Bodenkleintiere in ihrer Vermehrung geschädigt oder ganz vernichtet werden. Aber auch die oberirdische Nützlingsfauna kann gefährdet werden, wodurch vor allem in Dauerkulturen schwerwiegende Schäden entstehen. Der Vogel- und Wildbestand sowie der Fischbestand der Gewässer können bei unsachgemäßer Anwendung von Pflanzenschutzmitteln, wie leider schon mehrfach nachgewiesen wurde, in Mitleidenschaft gezogen werden.

Unsere Aufgabe im Rahmen des IBP besteht neben den unbedingt erforderlichen Untersuchungen im Bereich ökologischer Forschungen in der Suche nach selektiv wirkenden Pflanzenschutzmitteln, die sich nur gegen bestimmte Schädlingsarten richten und die sich nach ihrer Einwirkung schnell zersetzen und keine giftigen Rückstände in den genutzten Teilen einer Pflanze hinterlassen. Routinemaßnahmen mit beliebigen giftigen chemischen Präparaten müssen durch gezielte Verfahren ersetzt werden. Voraussetzung hierfür ist das Erkennen der Wirkung eines chemischen Präparats auf die Lebensgemeinschaften und die hierdurch bewirkten Veränderungen, welche die Bodenfruchtbarkeit und damit Ertragsfähigkeit ungünstig beeinflussen können.

Das Internationale Biologische Programm hat ein weltweites Netz von Forschungsprojekten geschaffen und die internationale Zusammenarbeit einer unüberschaubaren Anzahl von Biologen gefördert. Gegenwärtig beteiligen sich 55 Länder am IBP und zahlreiche andere leisten dazu kleinere Beiträge. Mehr als 1500 Forschungsprojekte werden gegenwärtig bearbeitet oder sind für eine Bearbeitung vorgeschlagen. Alle mit dem Internationalen Programm abgestimmten Forschungsarbeiten werden von nationalen Organisationen betreut und finanziert. Arbeitstagungen und methodische Handbücher tragen zu vergleichbaren, international abgestimmten Arbeitsmethoden bei.

Die Leistungen, die die Biologen bisher vollbrachten, sind der Öffentlichkeit meist unbekannt und oft nur in jahrelanger mühsamer Kleinarbeit zu erreichen. Dennoch errichteten sie ein weltumfassendes Gerüst für eine integrierte Biologie, das für weitere, mit vereinten Kräften auf breiter Front durchzuführende Arbeiten die Grundlage bieten wird.

Das Internationale Biologische Programm wird im Juli 1972 zu Ende gehen, aber bereits heute ist ersichtlich, daß auch nach seinem Abschluß weitere wertvolle Arbeit im gleichen Sinne geleistet wird und Ergebnisse erzielt werden, die vielleicht die, die während der achtjährigen Dauer des IBP erreicht wurden, übertreffen. So gilt es bereits heute Vorsorge zu treffen, daß andere internationale Organisationen das gesammelte Material übernehmen und weiterhin auswerten. Anzeichen dazu sind bereits vorhanden; so werden die Organisationen für Ozeanographie und Meeresbiologie, die Internationale Vereinigung für den Schutz der Natur und der natürlichen Hilfsquellen, die Welt-Gesundheitsorganisation u. a. das Material der entsprechenden Sektionen des Internationalen Biologischen Programms übernehmen und der vorgesehenen breiten Nutzanwendung zuführen.

Das Internationale Biologische Programm ist und wird getreu seinem Leitspruch: „Biologische Grundlagen der Produktivität und der menschlichen Wohlfahrt", wie die anderen weltweiten internationalen Unternehmungen ein mächtiges Instrument für die Festigung des Friedens in der Welt bleiben.

Wir beenden damit unseren Bericht über Sinn, Bedeutung und Aufgaben des Internationalen Biologischen Programms. Wir hoffen gezeigt zu haben, welche Schwerpunkte aus der Fülle der Probleme, die sich anbieten, in unserem Programm konzentriert bearbeitet werden sollen. Hinter jeder einzelnen Aufgabe steht als Ziel die Wohlfahrt der Menschheit. Dieses Ziel ist nicht durch die nützliche Anwendung schon vorhandenen biologischen Wissens allein zu erreichen, sondern es erfordert stetige schöpferische Arbeit im Ringen um die Erkenntnis neuer Gesetzmäßigkeiten. In einer großen Gemeinschaft haben sich Wissenschaftler vieler Staaten bereitgefunden, über alle nationalen Schranken hinweg ihre Kräfte einzusetzen für hohe, menschenwürdige Ziele, für eine Entwicklung der Welt, die frei ist von Angst und Sorge um Existenz und Bedrohung, für eine Zukunft der Menschheit in Frieden und Wohlstand, für einen Humanismus des guten Willens und der Tat zu brüderlicher Hilfe für alle Menschen, die heute noch unter der Not des Hungers und der Armut leiden und deren Gesundheit und Leistungsfähigkeit der internationalen Fürsorge bedürfen von allen, die der Wissenschaft vom Leben dienen.

INTERNATIONALES SYMPOSIUM

Die heutige Stellung der Morphologie in Biologie und Medizin

Berlin, 15. bis 17. Februar 1968

Veranstaltet von der Klasse für Medizin der Deutschen Akademie der Wissenschaften zu Berlin gemeinsam mit der Sektion für Morphologie und experimentelle Pathologie

HERAUSGEGEBEN VON PROF. DR. LOUIS-HEINZ KETTLER

(Abhandlungen der Deutschen Akademie der Wissenschaften zu Berlin, Klasse für Medizin)

1969. Etwa 560 Seiten mit Abbildungen – 4° – etwa M 93,–

Nachdem die letzten Jahre eine unerwartete rasche Entwicklung mannigfacher Methoden auf dem Gebiet der Morphologie gebracht haben, wodurch eine Fülle neuer wissenschaftlicher Erkenntnisse und Aspekte geschaffen wurde, ergab sich die Notwendigkeit, die Stellung der Morphologie im Rahmen der biologischen Wissenschaften und der Medizin im gegenwärtigen Zeitpunkt zu überprüfen. Das hatte in zwei Richtungen zu geschehen. Einmal ergab sich im Gebiet der Morphologie selbst die Notwendigkeit eines neuen wissenschaftlichen Denkens, zum anderen waren die Beziehungen zu Biochemie und Physiologie zu überprüfen und vor allem enger zu gestalten. Die Tagung diente dem Zweck, einen neuen, modernen Standpunkt der Morphologie zu finden bzw. zu vertiefen.

Bestellungen durch eine Buchhandlung erbeten

AKADEMIE - VERLAG • BERLIN

FSC
www.fsc.org
MIX
Papier | Fördert
gute Waldnutzung
FSC® C083411

Zeitfracht Medien GmbH
Ferdinand-Jühlke-Straße 7
99095 Erfurt, Deutschland
produktsicherheit@kolibri360.de